Bibliografische Information der Deutschen Nationalbibliothek:

Die Deutsche Bibliothek verzeichnet diese Publikation in der Deutschen Nationalbibliografie; detaillierte bibliografische Daten sind im Internet über http://dnb.d-nb.de/ abrufbar.

Impressum:

Druck und Bindung: Books on Demand GmbH, Norderstedt Germany
ISBN: 9783668777354

Dieses Buch bei GRIN:

https://www.grin.com/document/437287

Horst Pittnauer

Wirkung westlicher Kräuter nach der TCM bei einer anklingenden Verkühlung

GRIN Verlag

Wirkung westlicher Kräuter nach der TCM bei einer anklingenden Verkühlung

Diplomarbeit

im Zuge der Ausbildung zum
TCM Ernährungsberater

Horst Pittnauer

25. Mai 2018

Inhaltsverzeichnis

1 Abstrakt

Die Diplomarbeit geht der Frage nach, wie sich bei einer anklingenden Verkühlung die Verwendung westlicher Kräuter nach der TCM im Vorjahresvergleich zeigt. Dabei wurde das subjektive Befinden der Probanden im Feldversuch gegenüber den Verkühlungen aus den Vorjahren abgefragt, wobei nicht erhoben wurde, wie die Probanden Verkühlungen in den Vorjahren behandelt haben.

Eine Verkühlung aus westlicher Sicht ist eine akute Infektionskrankheit der Schleimhaut von Hals, Nase oder Bronchien.

Aus Sicht der TCM dringen bei einer Verkühlung Wind und/oder Kälte in den Körper ein, wobei Feuchtigkeit dabei ein möglicher Mitverursacher sein kann. Man spricht von einer Kältekrankheit.

Um eine möglichst rasche Heilung zu erreichen, greift bei einer Verkühlung die Mehrheit unserer Bevölkerung zu schulmedizinischen Präparaten.

Im Feldversuch wurden 30 Probanden mit 3 unterschiedlichen Kräuterrezepturen (für Hals, Nase und Bronchien) ausgestattet, um diese bei anklingenden Verkühlungen einzunehmen.

Die Probanden gaben an, dass mit Einnahme der Kräuterrezepturen bei 70 % der aufgetretenen Verkühlungen ein besseres Befinden im Vergleich zu den Verkühlungen aus den Vorjahren festzustellen war.

Des Weiteren wurde untersucht, ob das Geschlecht, ob das Alter, ob Rauchen oder ob Sport die Wirkung westlicher Kräuter beeinflusst. Ebenso galt es herauszufinden ob die Wirkung bei Menschen, die regelmäßig ein warmes gekochtes Frühstück zu sich nehmen, besser ist und ob Yang-Typen auf die Einnahme von westlichen Kräutern besser ansprechen als Yin-Typen.

2 Einleitung

„Handle – doch nie der Natur zuwider."

Laozi (ca. 7 Jhdt. v. Chr.)

"Alles, was der Mensch tut und zu tun hat, soll er aus dem Licht der Natur tun. Denn das Licht der Natur ist nichts anderes als die Vernunft selber. Wer anders ist der Feind der Natur, als der sich klüger dünkt denn sie, obwohl sie unser aller höchste Schule ist."

Paracelsus (1493 - 1541)

Die Medizin früherer Völker basierte immer auf den Naturgesetzen. Im hippokratischen Verständnis, welches in Antike und Mittelalter die Basis der akademischen Medizin war, wurde die Natur als Lebenskraft und als Heilkraft aufgefasst. Die Genesung des Patienten wurde durch die Natur bewirkt, der Arzt war lediglich Behandelnder.[1]

Mit dem naturwissenschaftlichen Ansatz, gepaart mit technischen Fortschritt und dem starken Glauben daran, wurde die Achtung vor der Natur immer mehr in den Hintergrund gedrängt. Naturwissenschaftliche Erkenntnisse und Erkenntniszuwächse in der Chemie brachten zusehends Veränderungen der Arzneien mit sich. Gegen Ende des 19. Jahrhunderts begann der Siegeszug der organisch-synthetischen Arzneimittel, die von der Teerfarbenindustrie entwickelt wurden, wobei das Herstellungsverfahren dem Patentschutz unterlag. Dies förderte ganz erheblich die industrielle Produktion von Arzneispezialitäten, die in abgabefertiger Verpackung das heutige Bild beherrschen.[2]

Parallel zu dieser Entwicklung ging bis zum heutigen Tag viel Wissen um Natur- und Hausmittel verloren. Heute greift die Mehrheit der Bevölkerung bei der kleinsten Erkältung zu industriell hergestellten Arzneimitteln, die vom Arzt oder Apotheker verordnet bzw. empfohlen werden. Zweifelsohne steht das Ziel, eine möglichst rasche Heilung zu erreichen, im Vordergrund.

Ist dieses Ziel auch mit Naturheilmitteln erreichbar? Das war die Frage, die mich beschäftigte. Ich wollte also überprüfen, ob sich bei einer anklingenden Verkühlung die Verwendung westlicher Kräuter nach der TCM positiv auswirkt und wie diese im Vergleich zu einer Behandlung mit industriell hergestellten Arzneimitteln abschneiden.

Zu diesem Zweck habe ich einen Feldversuch konzipiert und durchgeführt.

---

[1]Wikipedia, Stand 19.04.2018 - https://de.wikipedia.org/wiki/Naturheilkunde

[2]vgl. haGalil: Stand 19.04.2018 http://www.pharmacon.net/geschichte/arzneimittel.htm

3 Konzeption Feldversuch

3.1 Allgemeines über Erkältung

3.1.1 Erkältung aus westlicher Sicht

Erkältung (österreichisch auch Verkühlung) und grippaler Infekt sind alltagssprachliche, medizinisch nicht scharf definierte Bezeichnungen für eine akute Infektionskrankheit der Schleimhaut von Hals, Nase (einschließlich der Nebenhöhlen) oder Bronchien. Die Infektionskrankheit wird überwiegend von sehr unterschiedlichen Viren, manchmal zusätzlich auch von Bakterien verursacht (Sekundärinfektion, in diesem Zusammenhang auch Superinfektion genannt). Die häufigsten Erkältungsviren gehören zu den Virusgattungen der Rhino-, Entero- und Mastadenoviren oder den Familien der Corona- und Paramyxoviridae.

Nicht zu verwechseln ist der grippale Infekt mit der deutlich schwerer verlaufenden „echten" Grippe (Influenza), die besonders für immunschwache Personen, z. B. Säuglinge und alte Menschen, tödlich enden kann.[3]

Eine Erkältung ist normalerweise harmlos und dauert etwa eine Woche. Erwachsene haben durchschnittlich zwei- bis dreimal im Jahr mit einer Verkühlung zu kämpfen. Von den auftretenden Beschwerden hält zumeist der Husten am längsten an.[4]

3.1.2 Erkältung aus Sicht der TCM

In der TCM wird Krankheit immer als eine Disbalance zwischen Yin und Yang gesehen. Mit Hilfe der Ba Gang (die acht Leitkriterien) ist es möglich, das vorliegende Grundmuster einer Disharmonie zu erkennen. Die acht Leitkriterien lauten:

Innen – Außen	Leere – Fülle
Kälte – Hitze	Yin – Yang

Nach Ba Gang liegt bei Erkältungskrankheiten die Ursache in der Regel „im Außen". Dabei versucht ein pathogener Faktor von außen in den Körper einzudringen. Die sechs äußeren Faktoren sind:

Wind	Feuchtigkeit
Kälte	Trockenheit
Sommerhitze	Feuer

Bei einer Erkältung dringen Wind und/oder Kälte in den Körper ein, wobei Feuchtigkeit dabei ein möglicher Mitverursacher sein kann. Man spricht von einer Kältekrankheit.

---

[3]vgl. Wikipedia Stand 23.04.2018 https://de.wikipedia.org/wiki/Erkältung
[4]vgl. Netdoktor Stand 19.04.2018 https://www.netdoktor.at/krankheit/erkaeltung-7615

Der eindringende pathogene Faktor versucht, so tief als möglich in den Körper einzudringen. Im „shanghanlun" spricht man von 6 verschiedenen Stadien oder Schichten einer Krankheit. Die einzelnen von außen nach innen gehenden Schichten sind im Folgenden dargestellt und kurz erklärt:[5]

Yang-Schichten			
1. Schicht	Taiyang	die große Yang-Schicht	Markiert das Einsetzen der Krankheit mit folgenden Symptomen: Abneigung gegen Kälte und Wind beginnendes Fieber Kopfschmerzen, Nackensteifheit Niesen, laufende Nase mit weißem Sekret einseitiger dünner, weißer, feuchter Zungenbelag oberflächlicher langsamer oder oberflächlicher gespannter Puls
2. Schicht	Shaoyang	die kleine Yang-Schicht[6]	Der pathogene Faktor schwankt zwischen der Taiyang und der Yangming Schicht mit folgenden Symptomen: Wechsel von Frösteln und Fieber bitterer Mundgeschmack, trockener Hals unklares Sehen kein Verlangen zu essen oder zu trinken Übelkeit und Erbrechen Spannungs- und Völlegefühl im Oberbauch Reizbarkeit einseitiger dünner, weißer Zungenbelag saitenförmig dünner Puls
3. Schicht	Yangming	die helle Yang-Schicht[6]	Der pathogene Faktor ist innerlich geworden und hat sich in Hitze umgewandelt mit folgenden Symptomen: hohes Fieber, verschlimmert sich am Nachmittag reichliches Schwitzen, starker Durst rotes Gesicht, Hitzegefühl Völlegefühl und Schmerzen im Bauch Verstopfung, trockener Stuhl, dunkler Harn rote Zunge mit gelbem trockenem Belag überflutender schneller oder großer schneller Puls

Tabelle 1: Yang-Schichten nach "shanghanlun"

[5]vgl. Giovanni Macioca, Grundlagen der chinesischen Medizin, 3. Auflage s.727 ff

[6]vgl. Georg Weidinger, Die chinesische Hausapotheke, 5. Auflage, s.139 und Ted J. Kaptchuk, Das große Buch der chinesischen Medizin, Ausgabe November 2010, s.293:
Im Nei Jing (Gelbe Kaiser) sind die 2. Schicht (Yangming) und die 3. Schicht (Shaoyang). Kaptchuk erklärt, dass logischerweise Shaoyang vor Yangming kommen sollte, diese Änderung jedoch nie vollzogen wurde. Ich habe mich hier für die logische Darstellung (wie auch bei Weidinger dargestellt) entschieden

Spätestens wenn der pathogene Faktor die Yin-Schichten erreicht, muss der Feldversuch beendet und ein Arzt aufgesucht werden. Deshalb sind sie nur angeführt und nicht weiter im Detail beschrieben:

- 4. Schicht: Taiyin, die große Yin-Schicht
- 5. Schicht: Shaoyin, die kleine Yin-Schicht
- 6. Schicht: Jueyin, die Umkehr Yin-Schicht

Der pathogene Faktor soll, in meinem Feldversuch mit Unterstützung der zusammen gestellten Kräuterrezepturen, in den Yang-Schichten gehindert werden weiter einzudringen und schlussendlich soll er den Körper verlassen. Somit wäre der Betroffene genesen.

3.2 Auswahl Probanden

Aus einem potentiell identifizierten Personenkreis von 45 Personen wurden 30 Personen für die Teilnahme am Feldversuch gewonnen. In allen Auswertungen wurde das Alter der Probanden zum Stichtag 01.01.2018 berechnet. Die jüngste weibliche Probandin ist 26 Jahre, der jüngste männliche Proband ist 22 Jahre. Die älteste weibliche Probandin ist 63 Jahre und der älteste männliche Proband ist 62 Jahre. Im Folgenden ist die Verteilung der Probanden nach jeweils Geschlecht und Lebensphasen (siehe auch Kapitel 5.4.3.2) ersichtlich:

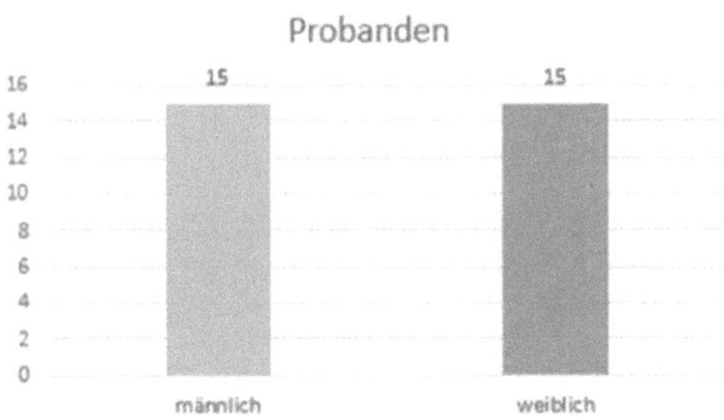

Abbildung 1: Verteilung der Probanden nach Geschlecht

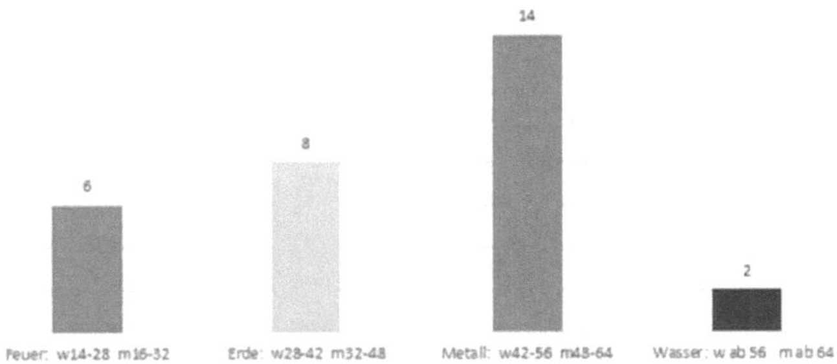

Abbildung 2: Altersverteilung der Probanden nach Lebensphasen

Die regionale Verteilung war mit 15 Probanden aus dem Burgenland, 10 Probanden aus Wien und 5 Probanden aus Niederösterreich gegeben. Von Wien aus gesehen waren alle Probanden in einem Umkreis von weniger als 70 km beheimatet.

3.3 Auswahl der Kräuter

Für die bei einer Verkühlung betroffenen Körperregionen Hals, Nase und Bronchien sollen Rezepturen entwickelt werden. Bei der Analyse und der Auswahl der Kräuter für die Rezepturen wurden 2 Verfahren angewandt:

- Analyse einzelner Kräuter
- Analyse Rezepturen

Beide Verfahren wurden unabhängig voneinander durchgeführt. Danach wurde der Querbezug beider Verfahren hergestellt. Vor der endgültigen Auswahl wurden die Sicherheitshinweise untersucht. Da die Kräutermischungen an 30 Personen erprobt werden sollten, sollte es idealerweise für ein verwendetes Kraut keine Sicherheitshinweise geben. Wenn doch, haben diese in einem geringen Ausmaß zu sein, sollten nur über bestimmte klar abgegrenzte Wirkungen verfügen oder für klar abgegrenzte Personengruppen gelten. Mit dieser Vorgehensweise wurde das Risiko von Nebenwirkungen größtmöglich reduziert.

3.3.1 Analyse einzelner Kräuter

Aus der klinischen Materia Medica[7] von Jeremy Ross wurden alle gelisteten Kräuter untersucht und bei Zutreffen der untenstehenden Kriterien als mögliche Kandidaten für eine Kräutermischung ausgewählt.

Zunächst wurde nach den angeführten Stichworten aus den folgenden Bereichen selektiert:

[7] Jeremy Ross, Westliche Heilpflanzen und chinesische Medizin – Eine klinische Materia Medica, 2009

1. TCM Wirkung und Westliche Anwendung:

- Wind-Hitze
- Wind-Kälte
- Erkältung
- Halsentzündung, Halsschmerzen, Heiserkeit
- Husten (in allen möglichen Ausprägungen)
- Kopfschmerzen
- Frösteln
- Fieber
- Grippe

2. Wirkung auf Grund der pharmakologischen Zusammensetzung:

- bakterienhemmend/antibakteriell
- virenhemmend
- entzündungshemmend
- hustenreizstillend
- fiebersenkend
- schweißtreibend
- schmerzstillend
- beruhigend/krampflösend
- expektorierend

3.3.2 Analyse Rezepturen

Bei diesem Verfahren für die Auswahl der Kräutermischungen wurden aus dem Rezepturbuch[8] von Jeremy Ross folgende Hauptindikationen herangezogen:

- Kopfschmerzen und Migräne (Kapitel 1)
- Erkrankungen der Atemwege (Kapitel 3)

3.3.3 Verwendete Kräuter

Für die Rezepturen Hals (Nr. 1), Schnupfen (Nr. 2) und Husten (Nr. 3) wurden folgend angeführte Kräuter ausgewählt (die Seitenangaben beziehen sich auf die klinische Materia Medica[9]. Ein einziges Kraut (Angelica dahurica) wurde aus dem Leitfaden chinesische Phytotherapie[10] ausgewählt):

---

[8] Jeremy Ross, Die Rezepturen, 1. Auflage, 2013

[9] Jeremy Ross, Westliche Heilpflanzen und chinesische Medizin – Eine klinische Materia Medica, 2009

[10] Carl-Hermann Hempen und Toni Fischer, Leitfaden Chinesische Phytotherapie, 2. Auflage, s.26 f

Heilpflanze	Org.	Temp.	Geschm.	Anwendung / Wirkweise	Wirkung	Sicherheitshinweis
Isatis Färberwald, deutscher Indigo s.136	Lu	kalt	bitter	klärt Hitze bei der Erkrankung durch Hitze-Pathogene, klärt Hitze-Toxine vor allem in Rachen und Lunge (Behandlung von Infekten)	immunmodulatorisch, fiebersenkend, antiendotoxisch, entzündungshemmend	Milz- und Magen-Qi Mangel mit Kälte-Syndrom Meiden während der Schwangerschaft und Stillzeit
Achillea Schafgarbe s.2	Lu, Mi, He, Ut	warm - kühl	scharf, bitter, aroma-tisch	gutes Tonikum für den Körper, bei Erkältung, Grippe, Atemwegsblockierung, Kopfschmerzen (durch Verschleimung)	antimikrobiell, entzündungshemmend	keine unerwünschten Nebenwirkungen bekannt
Althaea Eibisch s.14	Lu, Ma, Da, Bl	kühl	süß, etwas bitter	klärt heiße Körpersäfte, Beschwerden der Lunge durch heiße Syndrome, linderndes Mittel für Atemwegskatarrh mit Reizhusten, (Wundheilmittel für Entzündungen im Mund und Rachen)	entzündungshemmend, hustenreizstillend	Vorsicht bei hochdosierten Einnahmen oder Langzeiteinnahme n in Verbindung mit Nässe und Schleim, Milz-Qi-Mangel und Kälte, sowie Neigung zu Übergewicht und chronischem Katarrh
Angelica dahurica Engelwurz-wurzel s.26	Ma, Da, Lu	Warm	scharf, aroma-tisch	Oberfläche lockernd und lösend, Wind ausleitend und Feuchtigkeit trocknend bei Schnupfen	antibiotisch, entzündungshemmend	gelegentlich: Blutdruck erhöhend, verlangsamte Herzfrequenz, verstärkte Einatmung
Commiphora Myrrhe s.70	He, Ma, Da, Ut, Lu	warm	bitter, scharf	Halsschmerzen, Heiserkeit, chronischer Husten, chronischer Katarrh, Brustschmerzen	bakterienhemmend, immunregulatorisch, entzündungshemmend, fiebersenkend, schmerzstillend	keine
Echinacea Purpur-sonnenhut s.80	Lu	kühl	scharf, bitter, etwas süß	Erkrankungen der oberen Atemwege, Erkältung und Grippe	virenhemmend, bakterienhemmend, entzündungshemmend, immunmodulatorisch	TB, Leukämie, Kollagenkrank-heiten, Multiple Sklerose, AIDS, HIV
Euphrasia Augentrost s.96	Lu, A, O, N	neutral - kühl	scharf, sauer-adstrin-gierend, bitter	gut bei akuten übermäßigen Schleimhautsekretionen, bei Erkältung mit viel Schleim, Heiserkeit, Husten, Nasenkatarrh (mit Kopfschmerzen), Sekretion aus Nase und Augen mit Hitze(-gefühl) und Schmerzen in den Stirnhöhlen	bakterienhemmend, entzündungshemmend, schmerzstillend, krampflösend, oxidationshemmend	keine
Euphorbia Wolfsmilch s.94	Lu, Da	warm	bitter, scharf	gut geeignet für Sinusitis, Bronchitis und Husten	antimikrobiell, fiebersenkend, entzündungshemmend, antikatarrhalisch, krampflösend	nicht länger als 2 Wochen, keine, gelegentlich Magen-Darm-Beschwerden und Übelkeit

Heilpflanze	Org.	Temp.	Geschm.	Anwendung / Wirkweise	Wirkung	Sicherheitshinweis
Glycyrrhiza Süßholz s.110	Lu, Mi, Ma, Da, He, Ut	neutral – kühl	süß	befeuchtet die Lunge bei Husten, klärt Hitze und Toxine, behandelt Halsschmerzen (für trockenen Husten, Halsschmerzen, Heiserkeit, Atembeschwerden, Entzündung der Schleimhäute, Bronchitis)	virenhemmend, bakterienhemmend, entzündungshemmend, immunmodulatorisch, krampflösend, hustenreizstillend	Hypertonie, Hypokaliämie, Ödeme, Nierenbeschwerden, Leberbeschwerden TCM: Blähungen und Völlegefühl in Brust und Bauch oder Erbrechen durch Fülle-Syndrom mit Nässe
Hydrastis **Kanadische Gelbwurzel** **s.126**	Ma, Da, Lu, Ut, Le, Gb	kühl	bitter	Spezifisch für katarrhalische Zustände der Schleimhäute, vor allem der Atemwege und des Magen-Darm-Traktes, mit übermäßiger Schleimsekretion bei atonischen Störungen	antibakteriell, oxidationshemmend Oberfläche öffnend	vermeiden bei Schwangerschaft und Stillzeit
Lobelia **Lobelie** **s.150**	Lu, Da, Ut, (He)	warm – kühl	scharf	Klärt das Blut und vermindert Toxizität bei Mandelentzündungen. Hilft bei Beschwerden wie Fieber, Bronchitis, Keuchhusten, Halsschmerzen	fiebersenkend, krampflösend, schmerzstillend, stimuliert die Atemwege	Übelkeit, Husten, bei empfindlichen Patienten, nicht kompatibel mit Schwangerschaft und Stillzeit
Marrubium **weißer Andorn** **s.156**	Lu, Mi	neutral	bitter	bei Husten, zur Unterstützung der Expektoration von hartnäckigem Schleim aus der Brust	entzündungshemmend, krampflösend	keine, Vorsicht bei Schwangerschaft (für Menschen liegen aber keine Daten vor)
Mentha piperita **Pfefferminze s.160**	Lu, Ni, Bl, He, Mi, Da, Ut	warm - kühl	aromatisch, scharf	Klärung von Wind-Hitze und zur Behandlung von Fieber und Halsschmerzen	entzündungshemmend, schmerzstillend, krampflösend	keine
Prunus **Kirsche** **s.198**	Lu, He, Ma, Da	neutral	bitter, aromatisch	akute übermäßige Schleimhautsekretion, Erkältung mit viel Schleim, Heiserkeit, Husten, Sekretion aus Nase und Augen mit Hitze(-gefühl) und Schmerzen in den Stirnhöhlen	hustenreizstillend, antiasthmatisch	Vorsicht bei Säuglingen und Klienten mit Durchfall Vorsicht während Schwangerschaft
Salvia Salbei s.216	Lu, He, Le, Ut	warm-kühl	aromatisch, bitter, scharf	klärt Hitze, kühlt Blut, als Gurgelwasser oder Spülung bei Entzündungen von Mund, Zunge und Rachen	antimikrobiell, entzündungshemmend, immunmodulatorisch	kontraindiziert bei Schwangerschaft, Vorsicht bei Patientinnen mit starker Regelblutung
Sambucus **Schwarzer Holunder – Blüten, s.220**	Lu	kühl	scharf, etwas bitter	Klären von Schleim, fiebrige Erkältung und Grippe, bei Rhinitis und Sinusitis	entzündungshemmend, schmerzstillend, sedierend,	keine

Heilpflanze	Org.	Temp.	Geschm.	Anwendung / Wirkweise	Wirkung	Sicherheitshinweis
Thymus **Gemeiner Thymian** **s.260**	Lu, Ni, Bl, He, Mi, Da, Ut	warm – kühl	aroma-tisch, scharf, etwas bitter	(treibt Nässe aus und beseitigt klebrigen Schleim aus der Brust, Keuchhusten, Krampf- und Katarrhhusten)	virenhemmend, bakterienhemmend, entzündungshemmend, krampflösend, expektorierend	keine

Tabelle 2: Für die Rezepturen verwendete Kräuter

Verwendete Abkürzungen im Tabellenheader: Org.=Organ, Temp.=Temperatur, Geschm.=Geschmack

Im Folgenden sind die in der Spalte „Org." verwendeten Abkürzungen und deren Bedeutung angeführt:

Org.	Bedeutung
A	Augen
Bl	Blase
Da	Darm
Gb	Gallenblase
He	Herz
Le	Leber
Lu	Lunge
Mi	Milz
N	Nase
Ni	Niere
O	Ohren
Ut	Uterus

Tabelle 3: Abkürzungen in Kräuterliste

Da von vornherein nicht ausgeschlossen werden konnte, dass bei einzelnen Probanden Unverträglichkeiten oder Allergien gegeben sind, wurde von den verwendeten Kräutern in der Systematik die Familienzugehörigkeit angegeben. Damit sollte im Zuge des Erstgesprächs geklärt werden können, ob einer Teilnahme am Feldversuch aus dieser Sicht etwas entgegensteht.

Heilpflanze	Deutscher Name	Familie
Isatis	Färberwaid	Kreuzblütler / Brassicaceae
Achillea	Schafgarbe	Korbblütler / Asteraceae
Althaea	Eibisch	Malvengewächs / Malvaceae
Angelica dahuricae	Engelwurzwurzel	Doldenblütler / Apiaceae
Commiphora	Myhrre	Balsambaumgewächs / Burseraceae
Echinacea	Sonnenhut	Korbblütler / Asteraceae
Euphrasia	Augentrost	Sommerwurzgewächs / Orobanchaceae
Euphorbia	Wolfsmilch	Wolfsmilchgewächs / Euphorbiaceae
Glycyrrhiza	Süßholz	Hülsenfrüchtler / Fabaceae
Hydrastis	Gelbwurzel	Hahnenfußgewächs / Ranunculaceae
Lobelia	Lobelie	Glockenblumengewächse / Campanulaceae
Marrubium	weißer Andorn	Lippenblütler /Lamiaceae
Mentha piperita	Pefferminze	Lippenblütler /Lamiaceae
Prunus	Kirsche	Rosengewächs / Rosaceae
Salvia	Salbei	Lippenblütler /Lamiaceae
Sambucus	Schwarzer Hollunder	Geißblattgewächs / Caprifoliaceae
Thymus	Thymian	Lippenblütler /Lamiaceae

Tabelle 4: Familienzugehörigkeit der Kräuter

3.3.4 Einnahmeempfehlung und Mengenermittlung

Rezeptur	Verabreichungsempfehlung	Flascheninhalt	Gesamtbedarf
Nr. 1 Hals	5- bis 6-mal täglich alle 2-3 Stunden 1 ml Tinktur mit 1 ml Wasser verdünnen damit 30 Sekunden lang gurgeln, dann alles schlucken danach 30 Minuten nichts trinken und essen maximale Einnahmedauer 4-5 Tage	50 ml	1,5 Liter
Nr. 2 Schnupfen	3-mal täglich 3 ml (bis 70 kg Körpergewicht) bzw. 5 ml (ab 70 kg Körpergewicht) Tinktur mit etwa 1/8 l Wasser verdünnt trinken nachtrinken möglich maximale Einnahmedauer 7 Tage	100 ml	3 Liter
Nr. 3 Husten	3-mal täglich 3 ml (bis 70 kg Körpergewicht) bzw. 5 ml (ab 70 kg Körpergewicht) Tinktur mit etwa 1/8 l Wasser verdünnt trinken nachtrinken möglich maximale Einnahmedauer 7 Tage	100 ml	3 Liter

Tabelle 5: Einnahmeempfehlung und Mengenermittlung Rezepturen

3.4 Vorbereitungsarbeiten

3.4.1 Dokumente für Erstgespräch

Für die Konzeption des Feldversuchs stand die Frage des Datenschutzes am Anfang aller Überlegungen. Durch die Trennung persönlicher Daten von den Daten aus der Anamnese und der Dokumentation des Feldversuchs, ist die Anonymität gewährleistet und den Datenschutzbestimmungen wird entsprochen. Diese Trennung wurde folgendermaßen vorgenommen und funktioniert wie beschrieben:

- Erstellung einer Liste für die Erfassung der persönlichen Daten jedes einzelnen Probanden (siehe Anlage 1 – Liste der Probanden mit persönlichen Daten). In dieser Liste erfolgt eine fortlaufende Nummerierung von 1 bis 30
- diese Nummer wird in weiterer Folge für den Anamnesebogen (siehe Anlage 2 – Anamnesebogen)
- und auf den Listen für die Erfassung des Feldversuchs verwendet (siehe Anlage 5 – Dokumentationsformular)
- mit Abschluss der Diplomarbeit wird die ausgefüllte Liste mit den persönlichen Daten vernichtet
- mit diesem Schritt sind alle Möglichkeiten eines Rückschlusses der Informationen aus dem Feldversuch mit einzelnen Personen unmöglich

Neben den oben angeführten Formularen wurden weiters

- eine Datenschutzvereinbarung (siehe Anlage 3 – Datenschutzvereinbarung)
- ein Merkblatt für den Probanden (siehe Anlage 4 – Merkblatt)
- ein Protokoll über den Inhalt des Erstgesprächs und die erfolgte Übergabe (siehe Anlage 6 - Übergabeprotokoll)

entworfen.

3.4.2 Rezepturen und Zubehör

Nachdem die Zusammenstellung und die Mengenberechnung der Rezepturen abgeschlossen waren, begann die Phase der Vorbereitung für den Roll-Out des Feldversuchs. Es mussten die einzelnen Tinkturen nach den ausgearbeiteten Rezepten gemischt werden. Am 10.08.2017 wurden in einer TCM-Apotheke die Rezepturen gemischt und in große Flaschen abgefüllt. Diese wurden von mir noch am selben Tag in die kleinen Fläschchen umgefüllt und in weiterer Folge im Zuge des Erstgesprächs den Probanden übergeben.

Abbildung 3: Herstellung und Abfüllung der Tinkturen nach den 3 Rezepturen

Für die Abfüllung der einzelnen Rezepturen wurden 30 Stück 50 ml und 60 Stück 100 ml Fläschchen benötigt.

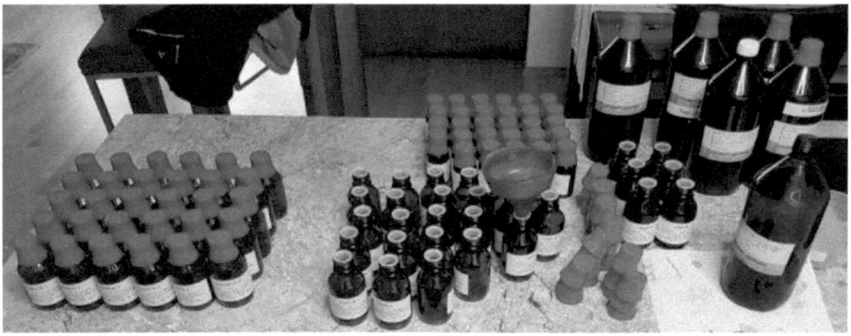

Abbildung 4: Abfüllung der Tinkturen in 50 ml und 100 ml Fläschchen

Im Zuge des Erstgesprächs wurden die abgefüllten Tinkturen der 3 Rezepturen gemeinsam mit jeweils 2 Einwegspritzen, als Messinstrument für die Verabreichung, ausgegeben.

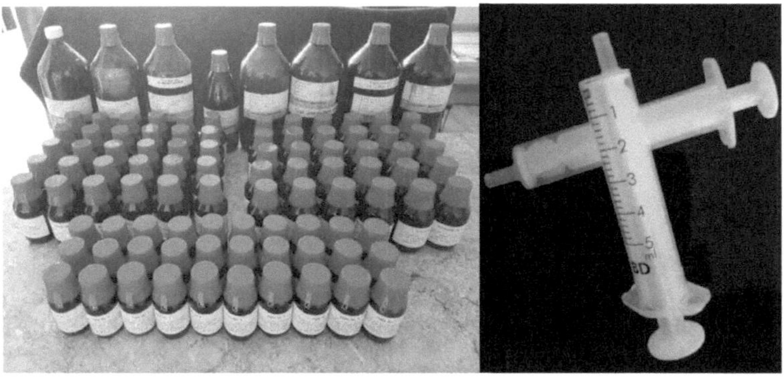

Abbildung 5: Fertig abgefüllte Tinkturen und Einwegspritzen für die Dosierung

Für jede abgefüllte Rezeptur wurde ein eigenes Etikett gedruckt, welches auf das dazugehörige Fläschchen geklebt wurde.

Hals Nr. 1	**Schnupfen Nr. 2**	**Husten Nr. 3**
Einnahme: 1 ml mit 1 ml Wasser verdünnen 30 Sekunden gurgeln, dann schlucken. Nichts nachtrinken, alle 2 bis 3 Stunden wiederholen max. 5-6mal täglich Abgefüllt: 10.08.2017 Haltbar bis 08.2020 | Inhalt 50 ml	Einnahme: 5 ml 3-4 mal täglich mit ca. 1/8 l Wasser verdünnt einnehmen Abgefüllt: 10.08.2017 Haltbar bis 08.2020 I Inhalt 100 ml	Einnahme: 5 ml 3-4 mal täglich mit ca. 1/8 l Wasser verdünnt einnehmen Abgefüllt: 10.08.2017 Haltbar bis 08.2020 I Inhalt 100 ml

Abbildung 6: Etiketten der einzelnen Rezepturen (die Einnahmemenge wurde, je nach Körpergewicht des Probanden, während des Erstgesprächs händisch eingetragen)

4 Durchführung Feldversuch

4.1 Erstgespräche

Mit dem ersten Erstgespräch am 16.08.2017 wurde der Feldversuch gestartet. Zufälliger Weise hat ein Proband gerade an diesem Tag Schnupfen und Halsweh bekommen und der Proband hat zum Abschluss des Erstgesprächs sofort die Rezepturen Nr. 1 und Nr. 2 eingenommen. Mit dem letzten Erstgespräch am 10.10.2017 wurde der Roll Out abgeschlossen. Ein Erstgespräch dauerte im Schnitt eine Stunde.

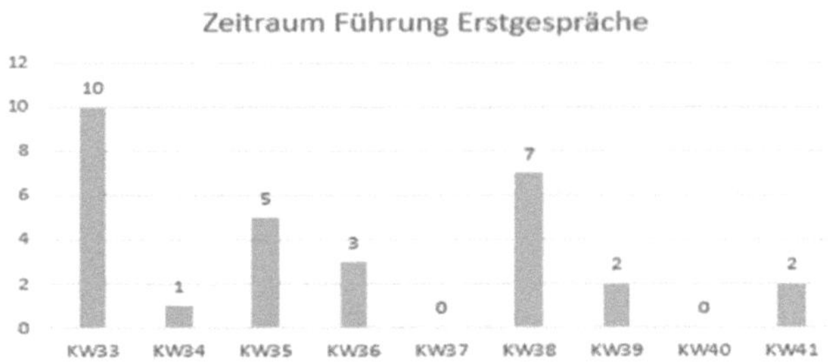

Abbildung 7: Zeitraum für Roll Out des Feldversuchs

Ein Erstgespräch startete mit der Erklärung des Rahmens für den Feldversuch. Danach wurde auf die Datenschutzbestimmungen und die im Rahmen des Feldversuchs getroffenen Maßnahmen eingegangen. Die Datenschutzvereinbarung (siehe Anlage 3 – Datenschutzvereinbarung) wurde unterzeichnet. Danach folgte das Anamnesegespräch. Es wurden Informationen zu folgenden Themen eingeholt und dokumentiert (siehe Anlage 2 – Anamnesebogen):

- Erkrankungen in den Vorjahren
- Medikamenteneinnahme
- Allergien und Rauchen
- Ess- und Schlafverhalten
- körperliche Befindlichkeiten und Verdauung
- Sport

Nach der Anamneseerhebung wurden die Tinkturen sowie die Einwegspritzen übergeben.
Als nächstes erhielt der Proband das Merkblatt (siehe Anlage 4 – Merkblatt) und das Dokumentationsformular (siehe Anlage 5 – Dokumentationsformular). Dabei wurde ihm der Gebrauch und die Verwendung der Tinkturen sowie das Ausfüllen des Dokumentationsformulars erklärt. Mit der Unterzeichnung des Übergabeprotokolls (siehe Anlage 6 - Übergabeprotokoll) wurde das Erstgespräch beendet.

4.2 Schlussgespräche

Die Schlussgespräche begannen am 02.03.2018. Der Großteil der Schlussgespräche wurde innerhalb von 2 Wochen geführt. Einige Probanden hatten zunächst keine Zeit und haben dann noch eine Verkühlung bekommen. Am 09.04.2018 wurde das letzte Schlussgespräch geführt und der Feldversuch beendet. Ein Schlussgespräch dauerte im Durchschnitt 15 Minuten.

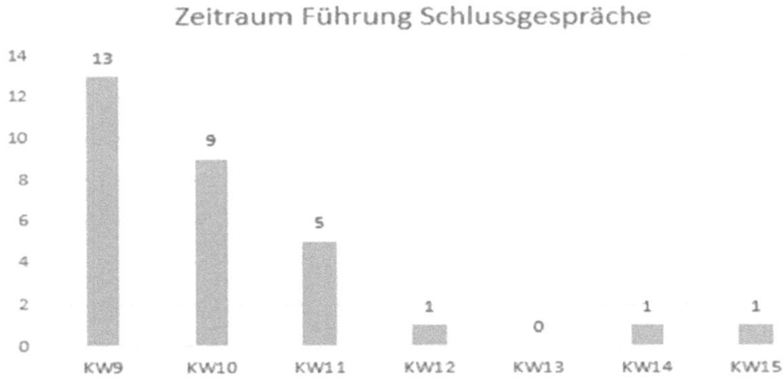

Abbildung 8: Zeitraum für Führung der Schlussgespräche

Im Zuge des Schlussgespräches wurden vom Probanden die ausgefüllten Dokumentationsformulare übergeben. Unklarheiten oder Besonderheiten bei der Dokumentation wurden besprochen und die Probanden berichteten über ihre Erfahrungen bei der Einnahme der Rezepturen. Abschließend wurden den Probanden folgende Fragen gestellt:

- gab es im Versuchszeitraum eine wesentliche Änderung der Essgewohnheiten?
- gab es im Versuchszeitraum eine wesentliche Änderung des Gewichts?
- wie war die Häufigkeit der Verkühlungen gegenüber den Vorjahren?
- wie war das subjektive Empfinden bei der Wirkung der Rezepturen gegenüber den Vorjahren?

4.3 Aufwand und Kosten

Die Diplomarbeit begann mit der Themensuche am 25.04.2017. Das Abgabedatum der Diplomarbeit war am 25.05.2018. Folgende Kosten und Aufwendungen sind in diesem Zeitraum angefallen:

Zweck	Kosten	Aufwand
Tinkturen für Rezepturen	€ 708,-	
50 ml und 100 ml Fläschchen und Einwegspritzen	€ 124,-	
Fahrten mit dem Auto zu den Probanden (innerhalb Wien wurde auf die öffentlichen Verkehrsmittel umgestiegen, dieser Aufwand ist nicht dargestellt)		1.015 km
Eigener Aufwand für Diplomarbeit (ohne Reise- und Fahrzeiten - bis 16.05.2018)		260 Std.

Tabelle 6: Kosten und Aufwand für Diplomarbeit

5 Ergebnisse

5.1 Struktur der Probanden

Insgesamt nahmen am Feldversuch 30 Probanden teil.

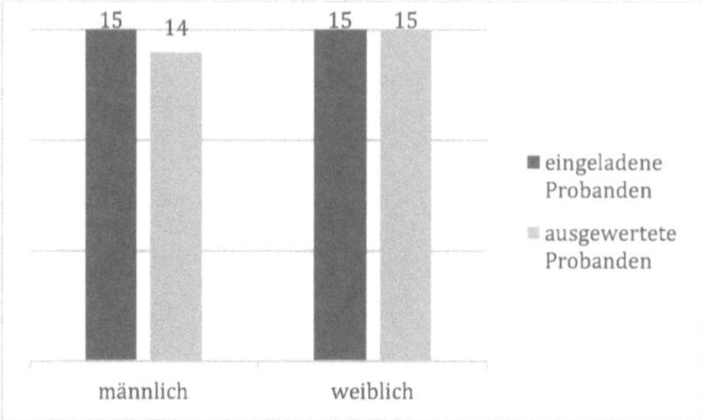

Abbildung 9: Teilnehmende Probanden

Ein einziger Teilnehmer (männlich) hatte im Zeitraum des Feldversuchs keine Verkühlung. Dieser Proband wurde für die weitere Betrachtung ausgenommen. Somit wird als neue Grundmenge die Anzahl von 29 Probanden für die Auswertung der Ergebnisse und für die Beantwortung der Thesen herangezogen.

5.2 Struktur der Verkühlungen

Diese 29 Probanden haben insgesamt 70 Verkühlungen dokumentiert. Davon wurden 39 Verkühlungen mit einer einzigen Rezeptur behandelt. Bei 29 Verkühlungen wurden gleichzeitig 2 Rezepturen eingenommen. Bei lediglich 2 Verkühlungen gelangten alle 3 Rezepturen zur Anwendung. Die Verteilung auf die einzelnen Rezepturen ist im Folgenden ersichtlich:

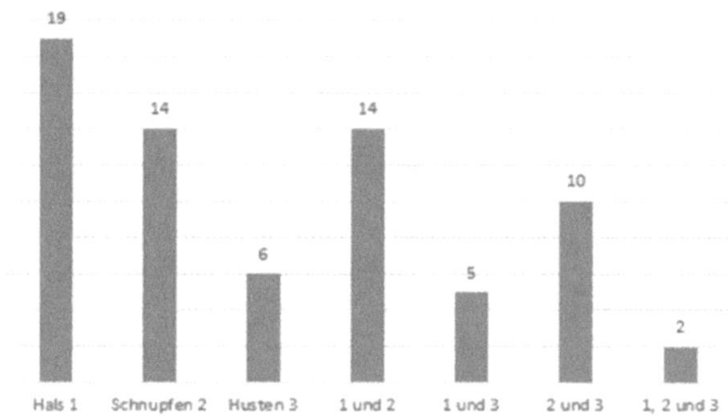

Abbildung 10: Übersicht Verkühlungstypen

Die Aufzeichnung einer Verkühlung begann immer mit dem Ersteintrag in das Dokumentationsformular. Die Probanden wurden angehalten, das erste Auftreten von Beschwerden zu dokumentieren. Auch wenn zu diesem Zeitpunkt noch keine Rezeptur eingenommen wurde. Sobald die Beschwerden wieder verschwunden waren, wurde ein abschließender Eintrag vorgenommen, wobei das Feld „Beschwerdefrei" angekreuzt wurde. Der Zeitraum zwischen diesen beiden Einträgen stellte die Verkühlungsdauer dar.

Die kürzeste Verkühlungsdauer war bei der Rezeptur Nr. 1 Hals mit 2,7 Tagen festzustellen. Nr. 3 Husten und Nr. 2 Schnupfen folgten mit 3,0 bzw. 3,3 Tagen. Die Verkühlungsdauer verlängerte sich, wenn gleichzeitig mehr Verkühlungstypen auftraten. Bemerkenswert ist auch, dass überall dort, wo die Hals-Rezeptur beteiligt war, die Verkühlungsdauer niedriger war.

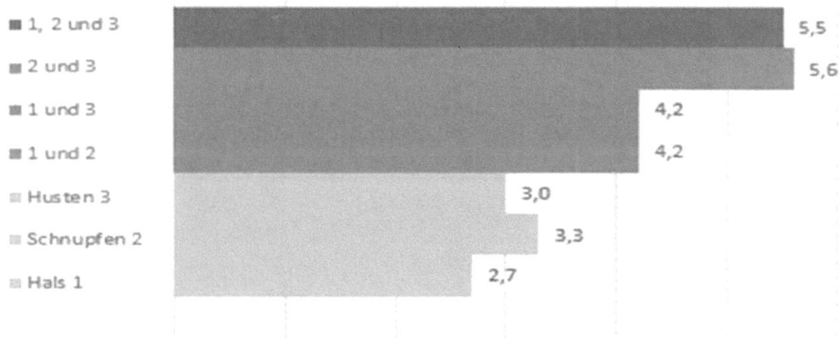

Abbildung 11: Durchschnittliche Verkühlungsdauer in Tagen nach Verkühlungsart(en)

Im Vorjahresvergleich zeigte sich bei der durchschnittlichen Verkühlungsdauer sowie bei der durchschnittlichen Anzahl der Rezeptureinnahmen ein fast identes Bild. Eine einzige Ausnahme bildet der Abbruch der Einnahme, wo eine deutliche längere Einnahmedauer bei gleichzeitig wesentlich höherer Anzahl an Einnahmen erfolgte. Detailinformationen zu dem einen Abbruch sind im Kapitel 5.4.1 angeführt.

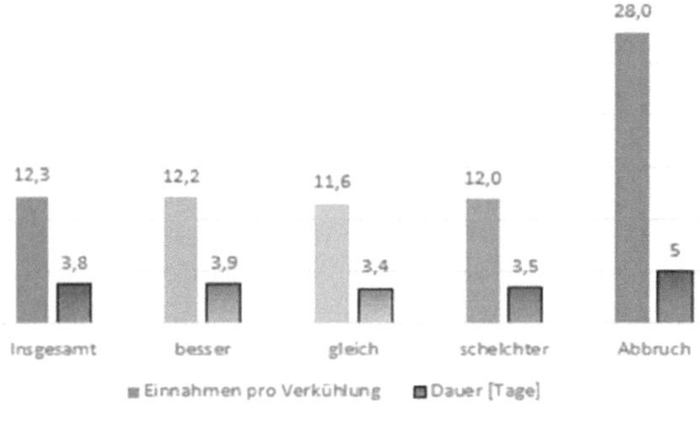

Abbildung 12: Einnahmen und Dauer pro Verkühlung

5.3 Kosten der einzelnen Verkühlungen

Der Kostenermittlung wurde der Apothekenverkaufspreis in Höhe von € 14,- für eine 100 ml Tinktur zugrunde gelegt. Im Erstgespräch wurde mit den Probanden die einzunehmende Dosis besprochen und vorgeschrieben.

Rezeptur	Empfohlene Dosis pro Einnahme
Nr. 1 Hals	1 ml
Nr. 2 Schnupfen	3 ml bis 70 kg Körpergewicht 5 ml ab 70 kg Körpergewicht
Nr. 3Husten	3 ml bis 70 kg Körpergewicht 5 ml ab 70 kg Körpergewicht

Tabelle 7: Vorgeschriebene Dosis für die Einnahme bei Verkühlungen

Aus den Aufzeichnungen der Probanden war ersichtlich welcher Verkühlungstyp mit den vorgeschriebenen Rezepturen behandelt wurde, welche Dosis eingenommen wurde und wie viele Einnahmen pro Verkühlung erfolgten. Die Auswertung der Dokumentationsformulare ergab, dass sich die Probanden allesamt an die vorgeschriebene Dosis gehalten haben (siehe auch Kapitel 3.3.4).

Im Folgenden sind die durchschnittlichen ermittelten Kosten und die Anzahl der Verkühlungen pro Verkühlungstyp angegeben:

Rezeptur	Ø Kosten [€] pro Verkühlung	Anzahl Verkühlungen
Nr. 1 Hals	1,10	19
Nr. 2 Schnupfen	4,95	14
Nr. 3 Husten	4,65	6
1, 2 - Hals und Schnupfen	3,70	14
1, 3 - Hals und Husten	4,35	5
2, 3 – Schnupfen und Husten	10,60	10
1, 2, 3 – Hals, Schnupfen und Husten	11,35	2

Tabelle 8: Kosten Verkühlungsanzahl nach Verkühlungstyp

5.4 Thesen

Folgende Thesen wurden aufgestellt und wurden in weiterer Folge überprüft:

1. Die Kräuter verbessern das subjektive Wohlbefinden (Hauptthese)
2. Die Wirkung der Kräuter ist unabhängig vom Geschlecht
3. Die Kräuter wirken bei jungen Menschen besser als bei älteren Menschen
4. Die Kräuter wirken bei Yang-Typen besser und schneller als bei Yin-Typen
5. Die Kräuter wirken besser, wenn Menschen warmes gekochtes Essen frühstücken
6. Die Kräuter wirken besser bei Menschen, die Sport betreiben als bei jenen die keinen Sport betreiben
7. Die Kräuter wirken bei Nichtraucher besser als bei Raucher

Im Zuge der Überprüfung der Thesen wurden die aus dem Feldversuch erlangten Informationen analysiert und bewertet. Dabei wurden zwei unterschiedliche Ergebnisse herausgearbeitet:

- gewonnene Erkenntnisse die mit dem Buchstaben E und einer fortlaufender Nummer versehen sind (***E## Text***)
- Aussagen über das Zutreffen oder eben Nichtzutreffen der aufgestellten Thesen, wobei der Text „These" mit der Thesennummer versehen ist (***T# Text***)

5.4.1 These 1: Die Kräuter verbessern das subjektive Wohlbefinden

Von den insgesamt 70 Verkühlungen wurde bei 70 % oder 49 der Verkühlungen eine bessere Befindlichkeit gegenüber den Vorjahren angegeben. Bei 23 % der Verkühlungen (entspricht 16 Verkühlungen) wurde ein vergleichbarer Verlauf gegenüber den Vorjahren dokumentiert. Bei lediglich 4 Verkühlungen ist es den Probanden im Vergleich zu den Vorjahren schlechter ergangen. Bei einer einzigen Verkühlung trat nach 3 Tagen eine Verschlechterung ein. Am 5. Tag und nach 28 Einnahmen der Rezepturen Nr. 1 Hals und Nr. 3 Husten berichtete der Proband von einem starken trockenen Husten, beendete die Einnahme der Rezepturen und suchte einen Arzt auf. Es wurde eine asthmatische Entzündung diagnostiziert und der Proband inhalierte bis zur Genesung einen Monat lang 2-mal täglich ein Kortison haltiges Medikament (siehe auch Abbildung 12).

Dieser eine Proband verzeichnete im Beobachtungszeitraum insgesamt drei Verkühlungen. Bei den beiden anderen Verkühlungen gab der Proband an, dass diese einen besseren Verlauf als im Vorjahresvergleich hatten. Grundsätzlich ist zu erwähnen, dass alle anderen Probanden im Durchschnitt 2,4 Verkühlungen verzeichneten. Mit Ausnahme des einen Probanden, der seine Verkühlungen zwei verschiedenen Kategorien zuordnete, haben alle anderen Probanden ihre Verkühlungen immer nur einer Kategorie zugeordnet. Somit ist auch erklärbar, dass die Anzahl der Probanden (siehe Abbildung 13) mit insgesamt 30 angegeben ist, wobei die Probandengrundmenge 29 beträgt.

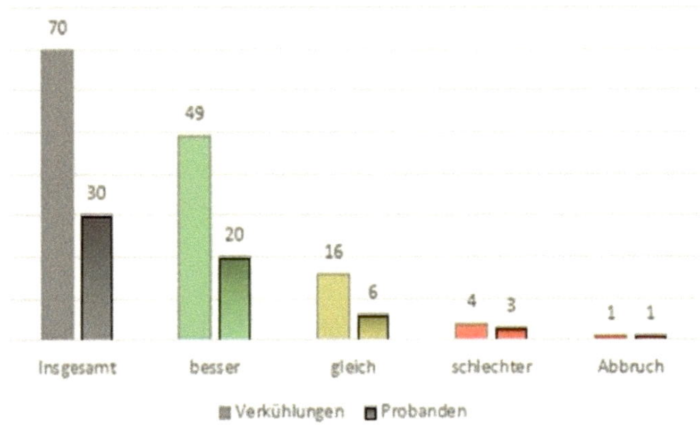

Abbildung 13: Befinden Verkühlungen gegenüber Vorjahren

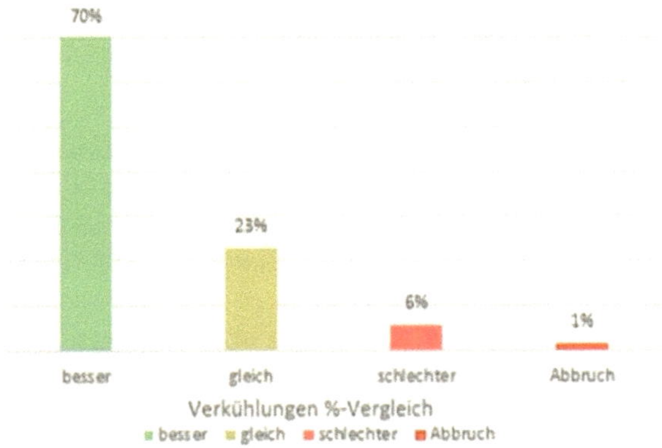

Abbildung 14: Befinden Verkühlungen in Prozent gegenüber Vorjahren

Betrachtet man die einzelnen Verkühlungstypen bzw. die Einnahme der einzelnen Rezepturen ergibt sich fast ausschließlich ein stark verbessertes Befinden gegenüber den Verkühlungen aus den Vorjahren. Einzig beim Verkühlungstyp Hals-Husten war eine Verbesserung von „nur" 40 % feststellbar. Alle übrigen Verkühlungstypen wiesen eine deutliche Verbesserung jenseits von 60 % auf.

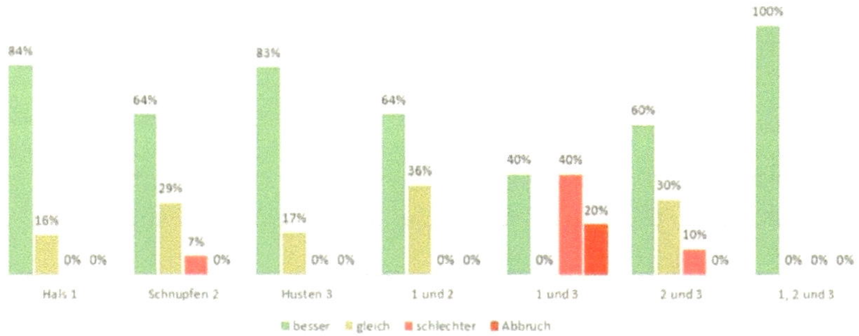

Abbildung 15: Befinden Verkühlungen gegenüber Vorjahren nach Verkühlungsart

T1. Die These, dass die Einnahme von westlichen Kräutern nach der TCM das subjektive Wohlbefinden verbessert, kann eindeutig und klar belegt werden.

5.4.2 These 2: Die Wirkung der Kräuter ist unabhängig vom Geschlecht

Bei 67 % der männlichen Probanden und bei 72 % der weiblichen Probanden wirkten die Kräuter im Vorjahresvergleich besser. Bei keiner der weiblichen Probanden wirkten sie schlechter. Hingegen gab es bei 17 % der männlichen Probanden eine Verschlechterung und ein Proband brach die Einnahme der Kräuter ab (siehe Kapitel 5.4.1). Bei der Beurteilung der geschlechtsspezifischen Wirkung drängt sich ein ähnliches Bild wie beim Yin-Yang Typenvergleich auf. Beim Typenvergleich Yin-Yang ist das Verhältnis „besser im Vorjahresvergleich" mit 52 % Yang zu 79 % Yin noch deutlicher verschoben (vergleiche mit Abbildung 25).

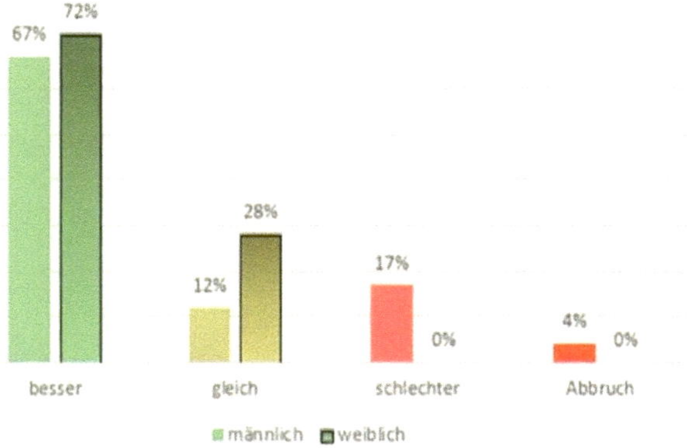

Abbildung 16: Vorjahresvergleich Verkühlungen nach Geschlecht

Deshalb macht es Sinn bei der Beurteilung der Wirkung bezüglich des Geschlechtes, die geschlechtliche Typenverteilung Yin-Yang näher unter Augenschein zu nehmen. Diese zeigt sich verkehrt proportional gegeben. Bei der differenzierten Betrachtung der Grundmenge geht hervor, dass am Feldversuch 10 männliche Yang-Typen und 12 weibliche Yin-Typen teilnahmen (Erklärung Yang- und Yin-Typen siehe Kapitel 5.4.4). Die durchschnittliche Verkühlungsdauer nach Geschlechtern korreliert deshalb auch mit der durchschnittlichen Verkühlungsdauer nach Typen (vergleiche mit Abbildung 24).

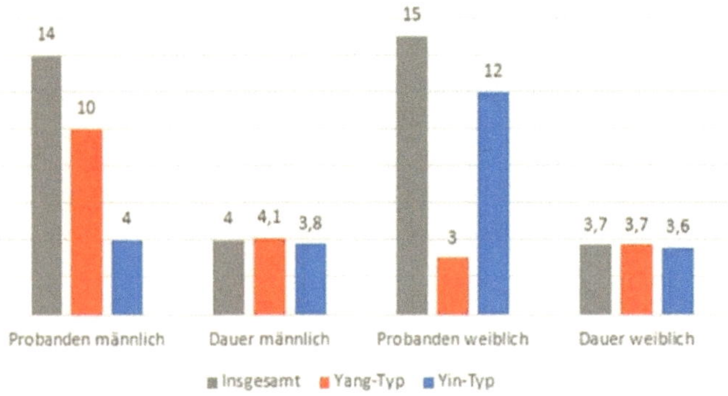

Abbildung 17: Typenverteilung Probanden und Dauer Verkühlungen nach Geschlecht

In einem nächsten Schritt werden die Geschlechter innerhalb der Typen verglichen. Hier zeigt sich, dass bei den männlichen Probanden in der Kategorie „besser im Vorjahresvergleich" eine um mehr als 10 % bessere Quote vorliegt (56 % bzw. 88 %) als bei weiblichen Probanden (43 % bzw. 77 %).

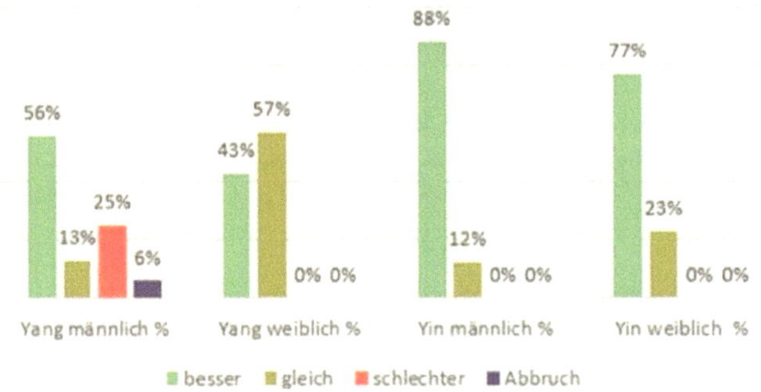

Abbildung 18: Verkühlungen Vorjahresvergleich Befinden nach Typen und Geschlecht

T2. Nach Beurteilung aller untersuchten Fakten, kann diese These nicht bestätigt werden. Tendenziös sieht es unter Einbeziehung der

Typenausprägung so aus, als ob die Kräuter bei männlichen Probanden besser wirken. Auf Grund der Ungleichheit der Typenverteilung innerhalb der Geschlechter, kann hier keine klare Aussage getroffen werden. Ein weiterer Feldversuch, der auf ein ausgewogenes Yin-Yang Typenverhältnis bei den Geschlechtern Rücksicht nimmt, kann hier mehr Klarheit bringen.

5.4.3 These 3: Die Wirkung der Kräuter ist unabhängig vom Alter

5.4.3.1 TCM Wissen

Das Menschenleben verläuft entsprechend den fünf Wandlungsphasen ebenfalls in fünf Stadien. Die Entwicklung eines Menschen entlang der fünf Stadien wird von den Veränderungen des Jing begleitet. Die Entwicklung der Frau erfolgt in einem 7-Jahreszyklus und die des Mannes in einem 8-Jahreszyklus. [11]

Die fünf Wandlungsphasen sind Holz, Feuer, Erde, Metall und Wasser. Für das Wachstum und Durchlaufen dieser Wandlungsphasen braucht der Mensch jeweils einen 2-fachen Jahreszyklus. [12]

5.4.3.2 Klassifizierung

Somit ergibt sich folgende Alterseinteilung für das weibliche und männliche Geschlecht:

Wandlungsphase	Alter weiblich	Alter männlich
Holz	0-14	0-16
Feuer	14-28	16-32
Erde	28-42	32-48
Metall	42-56	48-64
Wasser	ab 56	ab 64

Tabelle 9: Wandlungs- und Lebensphasen

[11] vgl. Der Gelbe Kaiser, Vollständige Taschenbuchausgabe Oktober 2011, s.18 f und Ted J. Kaptchuk, Das große Buch der chinesischen Medizin, Ausgabe November 2010, s.55 f

[12] vgl. Udo Lorenzen und Andreas Noll, Die Wandlungsphasen der traditionellen chinesischen Medizin, Band 1, Wandlungsphase Holz, s10

5.4.3.3 Feststellungen

Die Lebensphase Holz wurde aus verschiedenen Gründen vom Feldversuch ausgenommen. So ist diese Phase besonders von Wachstum geprägt und die Mitte ist in der Kindheit noch sehr schwach. In den anderen Lebensphasen ergab sich leider eine ungleichmäßige Verteilung. Das Metallelement überwog mit 45 % der Probanden, wobei diese mehr als die Hälfte der Verkühlungen verzeichneten. Das Wasserelement war mit 2 weiblichen und keinem männlichen Probanden unterrepräsentiert. Das Feuerelement und das Erdelement waren annähernd gleich verteilt.

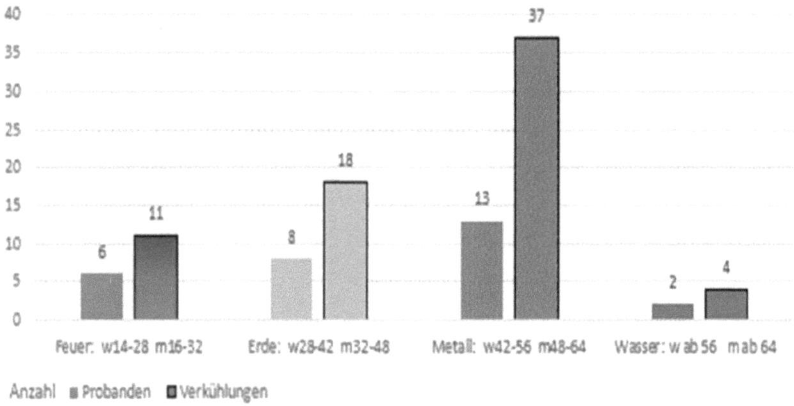

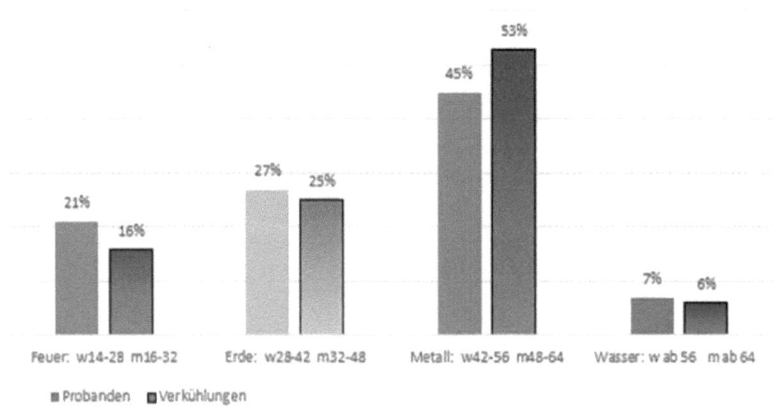

Abbildung 19: Probanden und Verkühlungen nach TCM Lebensphasen

Aus Abbildung 20 ist die niedrigere Verkühlungsrate beim Feuerelement mit 1,8 Verkühlungen pro Proband ersichtlich. Das ist im Gegensatz zum Erdelement um 22 % weniger. Gegenüber dem Metallelement sind es um 36 %. Im Vergleich zum

Metallelement ist die Verkühlungsanzahl nur um 10 % niedriger, wobei die kleine Stichprobe des Metallelements gegenüber den anderen Lebensphasen nicht wirklich aussagekräftig ist. Dennoch kann man diesen Umstand bewerten und zum Schluss kommen, dass Menschen in der Lebensphase Feuer yangiger sind und deshalb ein besseres Wei Qi[13] haben. Diese Erkenntnis korreliert mit den Erkenntnissen bei yangigen Typen (siehe auch Kapitel 5.4.4.3).

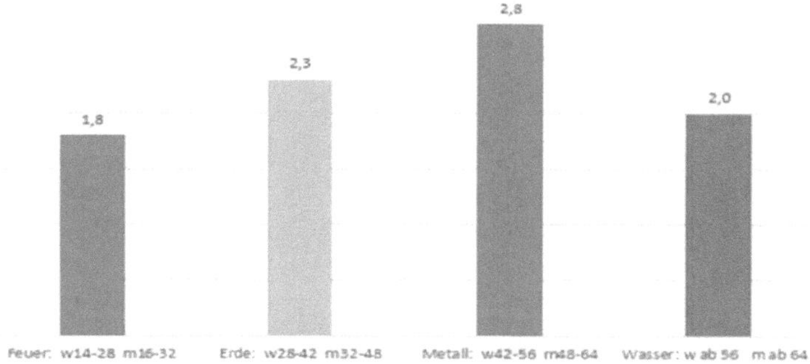

Abbildung 20: Verkühlungen pro Proband nach Lebensphasen

E01 Menschen in der Lebensphase Feuer verfügen über mehr Yang und haben daher ein besseres Wei Qi als Menschen in späteren Lebensphasen.

Im Gegensatz dazu war die Verkühlungsdauer bei Menschen in der Lebensphase Feuer um 34 % länger als in der Lebensphase Erde und um 20 % länger als in der Lebensphase Metall bzw. Wasser.

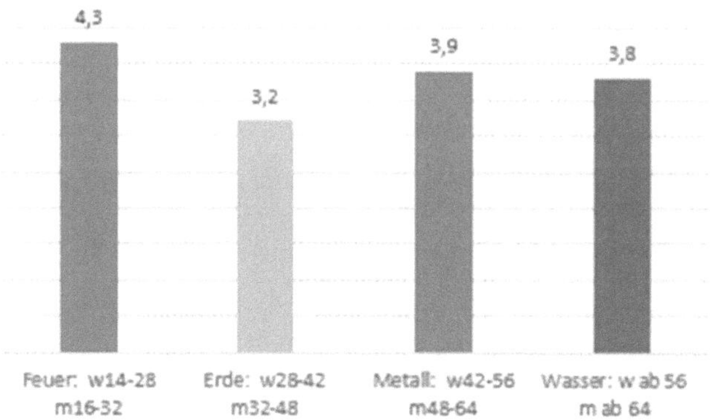

Abbildung 21: Verkühlungsdauer nach Lebensphasen

[13] Ausführungen zum Thema Qi siehe Kapitel 5.4.4.1

E02 *Wenn bei Menschen in der Lebensphase Feuer ein pathogener Faktor das Wei Qi überwindet und in den Körper eindringt, dauert es länger um wieder beschwerdefrei zu sein, als bei Menschen in den anderen Lebensphasen.*

Mehr als 70 % der Probanden in den Lebensphasen Feuer, Erde und Metall gaben an, dass die Verkühlung mit Einnahme der westlichen Kräuter nach der TCM im Vorjahresvergleich besser verlaufen sei. Die Lebensphase Wasser war mit 4 Verkühlungen nicht wirklich repräsentativ vertreten, dennoch kann festgestellt werden, dass im Vorjahresvergleich zumindest keine Verschlechterung gegeben war. Eine Verschlechterung gegenüber dem Vorjahresvergleich war bei 9 % in der Lebensphase Feuer und bei 17 % in der Lebensphase Erde zu verzeichnen. Bei einer Verkühlung wurde die Einnahme der Rezepturen in der Lebensphase Metall abgebrochen (siehe auch Kapitel 5.4.1)

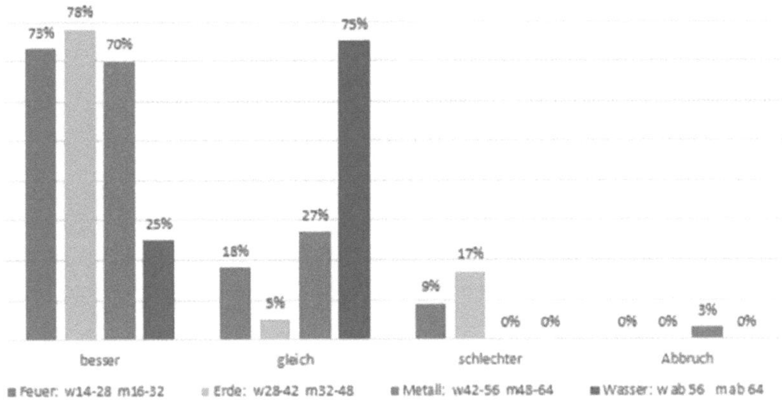

Abbildung 22: Vergleich Befinden zu Vorjahren nach TCM Lebensphasen

T3. Es kann angenommen werden, dass die Wirkung der Kräuter unabhängig vom Alter ist. Bei der Aussage ist zu berücksichtigen, dass die ungleiche Verteilung der Probanden in den Lebensphasen ein zu unscharfes Ergebnis bietet. Um diese These zu untermauern, wäre ein weiterer Feldversuch mit einer gleichmäßigen Verteilung in den Lebensphasen durchzuführen, wobei auch hier die Lebensphase Holz auszuklammern wäre.

5.4.4 These 4: Die Kräuter wirken bei Yang-Typen besser und schneller als bei Yin-Typen

Wie weiter untenstehend im Detail erläutert, ist Qi ein Yang-Aspekt. Unsere Immunabwehr (oder auch Abwehr-Qi, ebenfalls ein Yang-Aspekt) hat die Hauptaufgabe unseren Körper vor dem Eindringen von pathogenen Faktoren zu schützen. Dieser These liegt die Annahme zu Grunde, dass yangige Typen eine bessere Abwehrkraft besitzen als yinige.

5.4.4.1 TCM Wissen

Qi ist die lebenserhaltende und verfeinerte Substanz, die durch unseren Körper fließt und dafür sorgt, dass alles in Bewegung bleibt. Qi bewegt also auch das Blut und wird vom Blut genährt. Qi ist im Verhältnis zu Blut Yang. Die Aufgaben und Funktionen von Qi sind:

- Umwandlung und Transformation von Nahrung
- Transport von Blut, Nahrung, Feuchtigkeit, Nervenimpulse, Flüssigkeiten, Stuhl
- Halten von Blut in Bahnen und Flüssigkeiten in Gewebe
- Schützen im Kontakt zur Außenwelt, Regulation der Haut (Durchblutung und Befeuchtung)
- Wärmen überall im Körper

Qi nimmt im Körper verschiedene Formen an, die in der folgenden Tabelle erläutert sind:

QI-Art	Zuordnung	Beschreibung
Jing Essenz	Vorgeburtlich	Ist ein Teil des Nieren-Yin, wird in den Nieren gespeichert und ist zuständig für Wachstum und Entwicklung, für die Fortpflanzungsfähigkeit und Fruchtbarkeit sowie für das Altern
Yuan Qi Urspungs-Qi		Ist Teil des Jing (Essenz), der aktive Part und stellt den Yang-Aspekt der vorgeburtlichen Essenz dar, der wie ein Katalysator Transformationsprozesse im Körper steuert. Das Yuan Qi wird über den Dreifachwärmer verteilt
Gu Qi Nahrungs-Qi	Nachgeburtlich	Gu Qi ist die erste Stufe der Umwandlung von Nahrung in Qi. Hauptverantwortlich für die Bildung sind die Funktionskreise Magen und Milz, diese sind somit die Wurzel der nachgeburtlichen Energie. Diese Qi-Form ist für den Körper noch nicht brauchbar
Zong Qi Sammel-Qi		Ist Teil des Gu Qi. Es setzt sich aus dem Nahrungs-Qi und dem Atmungs-Qi zusammen, wird in der Lunge gebildet, ist das feinstofflichere Qi als Nahrungs-Qi und kann vom Körper verwertet werden
Zhen Qi Wahre-Qi		Ist Teil des Gu Qi. Es ist das wahre Qi, das letzte Stadium der Qi- Umwandlung. Es fließt in den Meridianen und nährt die Organe. Es teilt sich in **Wei Qi** und Ying Qi
	Wei Qi Abwehr-Qi	**Unser Abwehr- und Schutz-Qi. Fließt an der Köperoberfläche außerhalb der Gefäße und schützt vor dem Eindringen pathogener Faktoren**

Tabelle 10. Qi-Arten

5.4.4.2 Klassifizierung

Im Zuge des Erstgesprächs wurden untenstehende Hitze- bzw. Kältezeichen abgefragt. Aus diesen Angaben abgeleitet, wurde eine Einteilung in Yang-Typen (Hitzezeichen) oder Yin-Typen (Kältezeichen) vorgenommen.

Information	Yin-Zuordnung	Yang-Zuordnung
Kälteempfindlichkeit	x	-
kalte Hände	x	-
kalte Füße	x	-
Vorliebe für warme Getränke	x	-
Vorliebe für kalte Getränke	-	x
leicht Schwitzen	-	x

Tabelle 11: Kriterien für Typenbestimmung Yin / Yang

Ein Proband wurde als Yin-Typ eingestuft, bei

- 3 oder mehr Yin-Zuordnungen
- 2 Yin-Zuordnungen und keinen Yang-Zuordnungen

Ein Proband wurde als Yang-Typ eingestuft, bei

- keiner Yin-Zuordnung
- 1 oder 2 Yin-Zuordnungen und gleichzeitig 2 Yang-Zuordnungen

Mit dieser Systematik konnten 24 Probanden zugeordnet werden. Bei 5 Probanden war keine eindeutige Typ-Zuordnung möglich. Deshalb wurden zusätzlich Fragen gestellt und ausgewertet. Mit dieser zusätzlichen Information konnte dann die Typ-Zuordnung vorgenommen werden. Alle 5 Probanden wurden demnach als Yang-Typen eingestuft. Im Folgenden sind die zusätzlich gelieferten Informationen zusammenfassend aufgelistet:

- Abneigung gegen Hitze
- gelblicher Zungenbelag
- trockene Haut
- Kälteempfindlichkeit und kalte Füße im Winter, sonst warme Hände, warmer Rücken
- lebt eher im Außen
- Sodbrennen und saures Aufstoßen
- Heißhungerattacken

5.4.4.3 Feststellungen

Von den insgesamt 29 Probanden waren 16 Yin-Typen und 13 Yang-Typen.

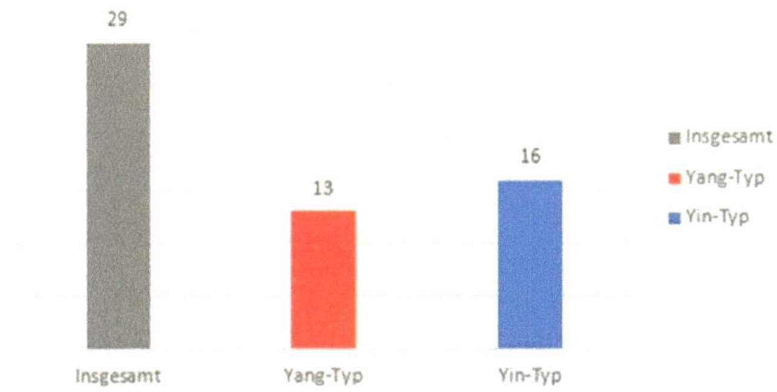

Abbildung 23: Verteilung Yin- und Yang-Typen

Es ist ersichtlich, dass Yang-Typen um 38 % weniger Verkühlungen im Zeitraum zu verzeichnen hatten (siehe Abbildung 24).

E03 Yang-Typen verfügen über ein besseres Wei Qi als Yin-Typen.

Im Gegensatz dazu war die Zeit, um bei Verkühlungen beschwerdefrei zu sein, um 8 % höher als bei Yin-Typen (siehe Abbildung 24).

E04 Wenn bei Yang-Typen ein pathogener Faktor das Wei Qi überwindet und in den Körper eindringt, dauert es länger als bei Yin-Typen um wieder beschwerdefrei zu sein.

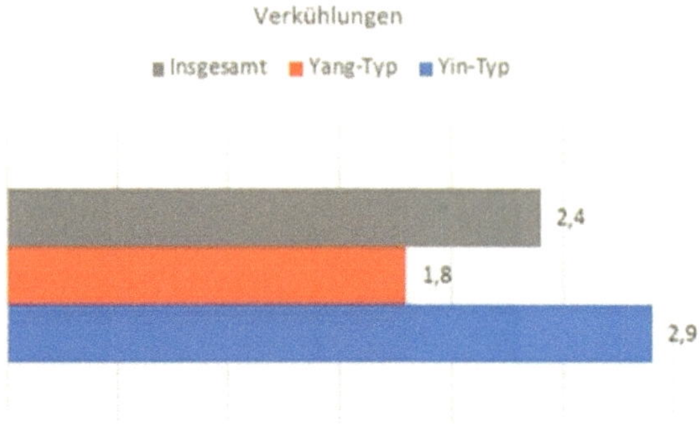

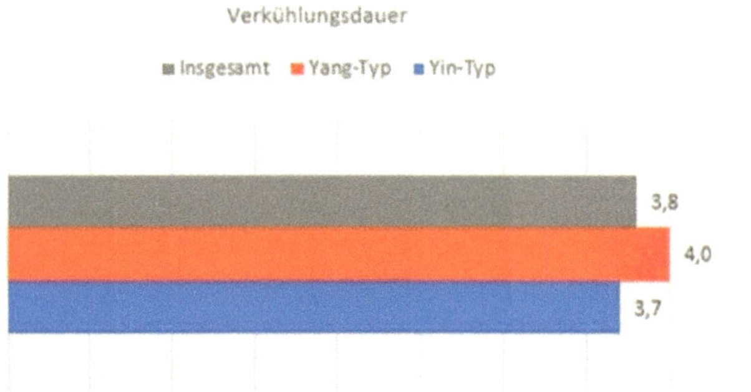

Abbildung 24: Verkühlungsanzahl und Verkühlungsdauer pro Proband und nach Typen

Weiters ist ersichtlich, dass es 79 % der Yin-Typen im Vorjahresvergleich wesentlich besser mit der Einnahme der Kräuter gegangen ist. Bei Yang-Typen liegt dieser Wert bei 52 % (siehe Abbildung 25). Diese Information untermauern die Erkenntnisse E03 und E04 dahingehend, als angenommen werden kann, dass Yang-Typen in der Lage sind, geringere pathogene Faktoren abzuwehren. Bei Yin-Typen dringen auch geringere pathogene Faktoren ins Körperinnere ein. Es kann angenommen werden, dass deshalb im Vorjahresvergleich die Kräuter bei Yin-Typen wesentlich besser als bei Yang-Typen wirken. 18 % der Yang-Typen erging es schlechter und 1 Proband musste die Einnahme der Kräuter sogar abbrechen, da der Infekt zu heftig war (siehe Kapitel 5.4.1).

E05 Die Einnahme der Kräuter bei anklingender Verkühlung wirkt bei Yin-Typen besser als bei Yang-Typen

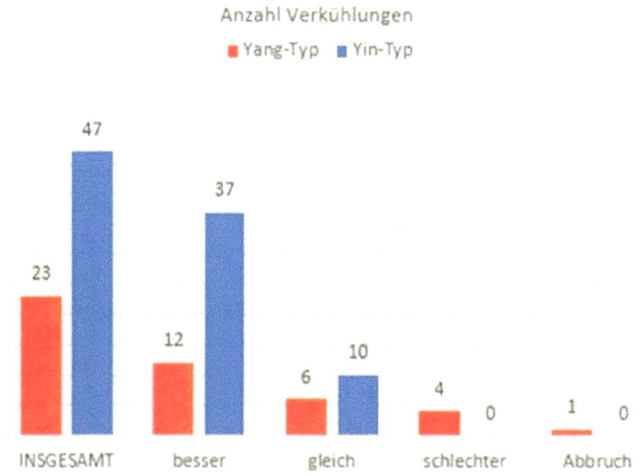

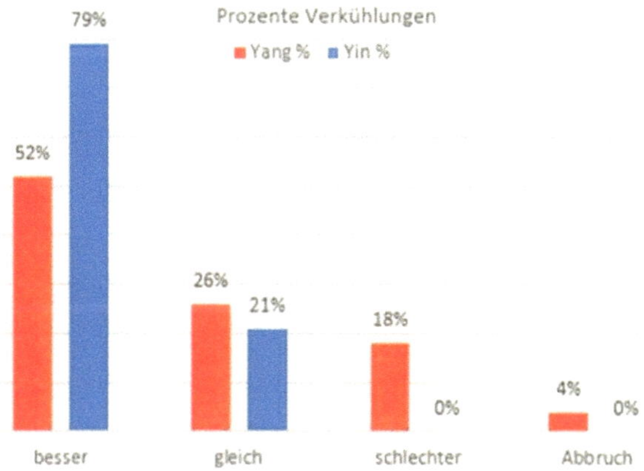

Abbildung 25: Befinden im Vorjahresvergleich nach Typen

T4. Die These, dass westliche Kräuter nach der TCM bei Yang-Typen besser und schneller als bei Yin-Typen wirken, kann nicht bestätigt werden. Die bei Yang-Typen geringere Anzahl von Verkühlungen und gleichzeitiger längerer Verkühlungsdauer, lässt darauf schließen, dass Yang-Typen über ein besseres Wei Qi verfügen und deshalb weniger, aber stärkere pathogene Erreger eindringen. Deshalb würde ein weiterer Feldversuch, der auf die Messbarkeit der Schwere eines eingedrungenen pathogenen Faktors bei Yin- und Yang-Typen abzielt, Klarheit bringen.

5.4.5 These 5: Die Kräuter wirken besser, wenn Menschen warmes gekochtes Essen frühstücken

5.4.5.1 TCM Wissen

In der TCM gilt das Sprichwort: „Frühstücken wie ein Kaiser, Mittagessen wie ein König und Abendessen wie ein Bettler".

Nach dem Konzept der Organuhr geht die TCM davon aus, dass die Funktionskreise mit den dazugehörigen Organen in einem 2-stündigen Rhythmus ein Hoch an Energie zur Verfügung haben, wobei die Übergänge in der Realität fließender und nicht exakt sind.

Im Verdauungstrakt Magen und Milz wird das Qi aus der Nahrung aufgenommen und im Körper verteilt. Die Funktionskreise Magen und Milz haben in der Zeit von 07:00 Uhr bis 11:00 Uhr ihren Höhepunkt. In dieser Zeit kann das Qi der Nahrung bestmöglich aufgenommen und verwertet werden.

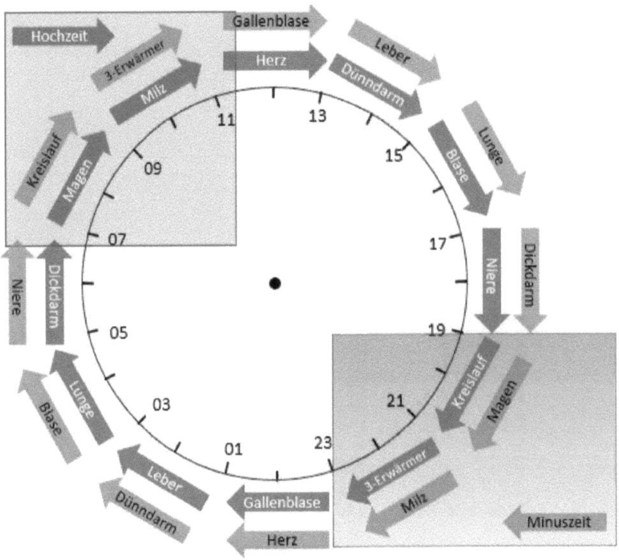

Abbildung 26: Organuhr nach der TCM

Bekömmlich gekochtes und warmes Frühstück ist bestens für den Magen aufbereitet, quasi vorverdaut. Der Magen braucht nun weniger Energie für die Zerlegung der Nahrung und die ganze Energie kann auf die Resorption gerichtet werden. Dadurch wird die Ausbeute von Qi aus der Nahrung maximiert.

Brot, Gebäck, Marmelade, Wurst, Käse, Rohkost wie Obst und Gemüse oder ungekochtes Müsli zum Frühstück bedeuten für den Magen zusätzliche Arbeit, weil er diese Nahrung vor der Resorption mühevoll zerlegen muss. Außerdem ist z. B.: Rohkost kalt und der Magen braucht zusätzliche Energie um diese Nahrung aufzuwärmen. Insgesamt bleibt weniger Energie für die Resorption von Qi aus der Nahrung übrig. Somit steht auch dem Körper weniger Qi zur Verfügung und dadurch natürlich auch weniger Wei Qi (siehe auch 5.4.4.1).

Wenn gar nicht gefrühstückt wird, kann auch kein Qi für den Körper gewonnen werden.

5.4.5.2 Klassifizierung

Die Zusammensetzung des Frühstücks bei den verschiedenen Frühstückstypen ist im Folgenden näher erläutert:

Frühstückstyp		Beschreibung
Wiener	Getränke	Kaffee, Tee, Kakao, Fruchtsäfte, Gemüsesäfte, Mineralwasser
	Speisen	Brot, Gebäck, Butter, Marmelade, Honig, Wurst, Käse, Eier
warm	Getränke	Kaffee, Tee, warmes Wasser
	Speisen	gekochter Brei, Suppen, Eierspeis, generell warmes gekochtes
kalt	Getränke	Kaffee, Tee, Kakao, Smoothies, Mineralwasser
	Speisen	Müsli mit Milchprodukten, frisches Gemüse, frisches Obst
deftig	Getränke	Limonaden, Energy Drinks
	Speisen	Leberkässemmel

Tabelle 12: Frühstückstypen

5.4.5.3 Feststellungen

Ein warmes Frühstück nahm nur jeder fünfte der 29 Probanden zu sich. Mit 14 Probanden war der Wiener Frühstückstyp am häufigsten vertreten. Die Frühstückstypen „Wiener", „kalt", „kein" und „deftig" machen in Summe 79 % aus und wurden für die weiteren Betrachtung dem Frühstückstyp „warm" gegenübergestellt.

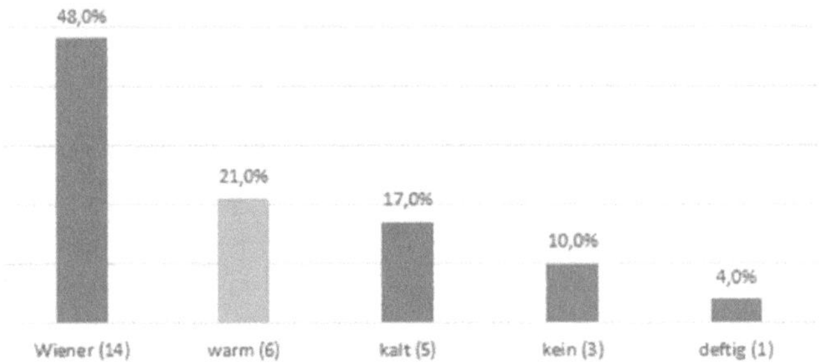

Abbildung 27: Frühstücksgewohnheiten der Probanden

Die Verkühlungen pro Proband können mit 2,4 bei „warm" und 2,5 bei „anders" als ident angesehen werden.

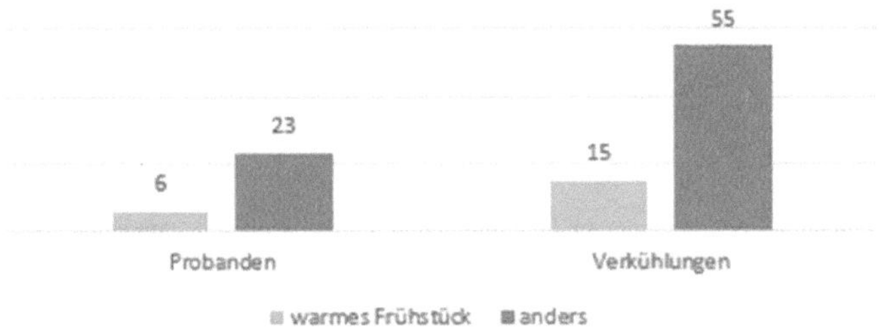

Abbildung 28: Verkühlungen nach Frühstückstyp

80 % der Frühstückstypen „warm“ gaben an, dass es ihnen bei den Verkühlungen mit der Einnahme der Rezepturen besser ging als im Vorjahresvergleich. Bei den „anderen“ Frühstückstypen waren das nur 67 %, außerdem erging es 9 % dieser Vergleichsgruppe schlechter.

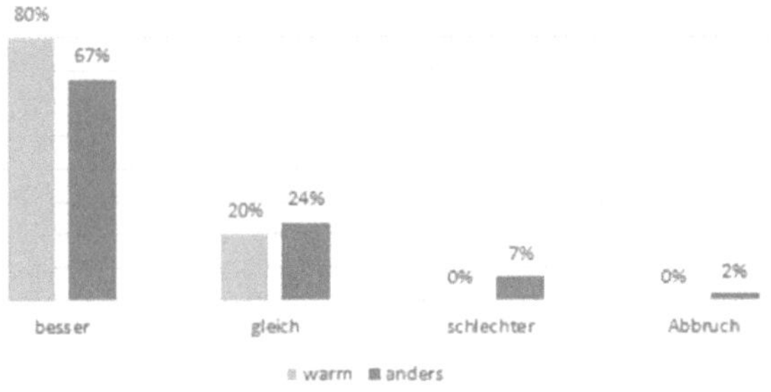

Abbildung 29: Befinden im Vergleich zu Vorjahren nach Frühstückstyp

T5. Die These, dass die Kräuter besser wirken, wenn Menschen warmes gekochtes Essen frühstücken kann bestätigt werden. 13 % der Verkühlungen bei Probanden der „warmen“ Frühstücksgruppe erging es besser als der Vergleichsgruppe und kein einziger gab an, dass es ihm schlechter als im Vorjahresvergleich erging.

5.4.6 These 6: Die Kräuter wirken besser bei Menschen, die Sport betreiben als bei jenen die keinen Sport betreiben

18 Probanden gaben an, regelmäßig und mindestens 1-2-mal pro Woche Sport zu betreiben. Im Gegensatz dazu betreiben 11 Probanden überhaupt keinen Sport.

Bei der Wirkung der westlichen Kräuter nach der TCM im Vergleich zum Vorjahr gab es zwischen Sportlern und Nicht-Sportlern fast keinen Unterschied. Besser erging es Sowohl bei Sportlern als auch bei Probanden, die keinen Sport betreiben. Hier lag die Verbesserung im Vorjahresvergleich bei sehr hohen 70 %.

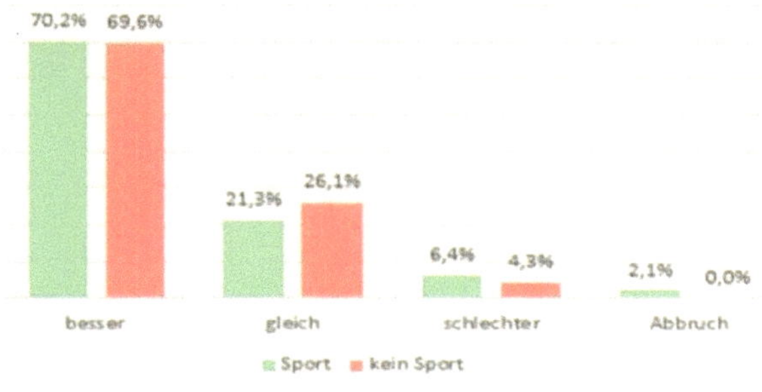

Abbildung 30: Sport - Befindlichkeit bei Verkühlungen im Vergleich zum Vorjahr

Die durchschnittliche Verkühlungsdauer dauerte bei jenen Probanden, die überhaupt keinen Sport betrieben, um 32% länger als bei der sportlichen Vergleichsgruppe.

Abbildung 31: Verkühlungsdauer Sport

E06 Menschen die regelmäßig mindestens 1-2-mal pro Woche Sport betreiben, haben bei Verkühlungen eine signifikant kürzere Genesungszeit als Nichtsportler.

T6. Die These, dass Kräuter bei Menschen, die Sport betreiben besser wirken als bei jenen, die keinen Sport betreiben, kann nicht belegt werden.

5.4.7 These 7: Die Kräuter wirken bei Nichtraucher besser als bei Raucher

23 Probanden gaben an Nichtraucher zu sein. Insgesamt 6 Probanden sind Raucher. Den Angaben zufolge Rauchen 3 Probanden 20 Zigaretten pro Tag, 2 Probanden 15 Zigaretten pro Tag und 1 Proband 5 Zigaretten pro Tag.

Die durchschnittliche Verkühlungsdauer dauerte bei den Rauchern um 25 % länger als bei der Nichtraucher Vergleichsgruppe.

Abbildung 32: Verkühlungsdauer Raucher

Bei beiden Gruppen war das subjektive Befinden im Vorjahresvergleich besser.

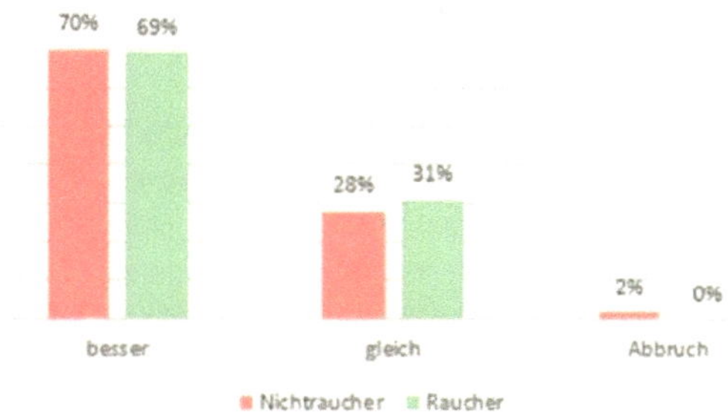

Abbildung 33: Raucher-Nichtraucher: Befinden bei Verkühlungen im Vorjahresvergleich

E07 Menschen die regelmäßig 5 Zigaretten und mehr pro Tag rauchen, haben bei Verkühlungen eine signifikant längere Genesungszeit als Nichtraucher.

T7. Die These, dass Kräuter bei Nichtrauchern besser wirken als bei Rauchern, kann nicht belegt werden.

6 Schlussbetrachtung

Die dieser Arbeit zugrunde liegende Frage, ob sich die Verwendung westlicher Kräuter nach der TCM bei anklingender Verkühlung im Vorjahresvergleich positiv auswirkt, kann eindeutig mit JA beantwortet werden.

Bei 70 % der Verkühlungen und gleichzeitiger Einnahme der rezeptierten Kräuter wurde eine Verbesserung gegenüber den Behandlungen im Vorjahresvergleich festgestellt.

Aus westlicher Sicht dauert eine Erkältung in etwa eine Woche bis man wieder beschwerdefrei ist. Außerdem wird angeführt, dass von den auftretenden Beschwerden jene beim Husten am längsten anhalten.[14]

Im durchgeführten Feldversuch lag die durchschnittliche Dauer vom Auftreten bis zur Beschwerdefreiheit zwischen 2,7 und 5,6 Tagen (siehe Abbildung 11), also deutlich niedriger als der aus westlicher Sicht durchschnittliche Zeitraum von 7 Tagen. Anzumerken ist auch, dass gerade beim Husten, der aus westlicher Sicht am längsten andauert, im Feldversuch nach durchschnittlich 3 Tagen schon wieder Beschwerdefreiheit gegeben war.

Von den sieben aufgestellten Thesen können zwei eindeutig bestätigt werden. Darunter befindet sich auch die Hauptthese, wonach der Einsatz der westlichen Kräuter das subjektive Wohlbefinden verbessert. Bemerkenswert ist auch, dass Menschen, die warm frühstücken besser auf die Einnahme der Kräuter reagieren.

Eine weitere These, wonach die Wirkung unabhängig vom Alter ist, kann zwar bestätigt werden, anzumerken ist aber, dass die ungleiche Verteilung der Probanden ein wenig aussagekräftiges Ergebnis liefert (siehe Schlussbemerkung T3).

Zwei Thesen können eindeutig nicht bestätigt werden. Die Wirkung der Kräuter ist sowohl bei Rauchern und Nichtrauchern als auch bei Menschen, die Sport betreiben und bei denen, die keinen Sport betreiben, gleich. Anzumerken ist hier die Tatsache, dass die durchschnittliche Verkühlungsdauer bei Rauchern bzw. Nichtsportlern mit 4,5 Tage gegenüber Nichtrauchern bzw. Sportlern um einen Tag länger dauert.

Bei den restlichen zwei Thesen ist eine eindeutige Aussage mit den vorliegenden Ergebnissen des Feldversuchs nicht möglich. Ob die Wirkung der Kräuter unabhängig vom Geschlecht ist und ob die Wirkung bei Yang-Typen besser als bei Yin-Typen ist, ist mit den Ergebnissen des Feldversuchs eindeutig zu verneinen. Allerdings gibt es bei beiden Auffälligkeiten, die in weiteren Untersuchungen mit adaptierten Parametern einer Klärung zugeführt werden können.

---

[14]vgl. Netdoktor Stand 19.04.2018 https://www.netdoktor.at/krankheit/erkaeltung-7615

Aus den Ergebnissen und den Erkenntnissen kann weiterer Untersuchungsbedarf mit folgenden Themenstellungen abgeleitet werden.

Verfügen Yang-Typen über ein besseres Wei Qi als Yin-Typen?
Auf Grund der vorliegenden Ergebnisse kann angenommen werden, dass Yang-Typen über ein besseres Wei Qi verfügen, weil sie weniger krank und wenn, dann länger krank sind. Aus diesem Faktum kann abgeleitet werden, dass Yang-Typen pathogene Erreger, die bei Yin-Typen in den Körper eindringen, abwehren.

Die Wirkung westlicher Kräuter ist unabhängig vom Geschlecht!
Diese These ist weiter zu untersuchen. Dabei ist ein ausgewogenes Yin-Yang Typenverhältnis bei den Geschlechtern zu berücksichtigen.

Die Wirkung westlicher Kräuter ist unabhängig vom Alter!
Um diese These eindeutig beantworten zu können, wäre ein weiterer Feldversuch mit einer gleichmäßigen Grundmengenverteilung in den Lebensphasen durchzuführen.

7 Quellenverzeichnis

https://www.netdoktor.at/krankheit/erkaeltung-7615

http://www.pharmacon.net/geschichte/arzneimittel.htm

https://de.wikipedia.org/wiki/Naturheilkunde

https://de.wikipedia.org/wiki/Erkältung

8 Literaturverzeichnis

Der Gelbe Kaiser, Vollständige Taschenbuchausgabe Oktober 2011

Carl-Hermann Hempen und Toni Fischer, Leitfaden Chinesische Phytotherapie, 2. Auflage

Georg Weidinger, Die chinesische Hausapotheke, 5. Auflage

Giovanni Macioca, Grundlagen der chinesischen Medizin, 3. Auflage

Jeremy Ross, Westliche Heilpflanzen und chinesische Medizin – Eine klinische Materia Medica, 2009

Jeremy Ross, Die Rezepturen, 1. Auflage, 2013

Ted J. Kaptchuk, Das große Buch der chinesischen Medizin, Ausgabe November 2010

Udo Lorenzen und Andreas Noll, Die Wandlungsphasen der traditionellen chinesischen Medizin, Band 1, Wandlungsphase Holz

9 Abbildungsverzeichnis

10 Tabellenverzeichnis

11 Anlagen

Anlage 1 – Liste der Probanden mit persönlichen Daten

Anlage 2 – Anamnesebogen

Anlage 3 – Datenschutzvereinbarung

Anlage 4 – Merkblatt

Anlage 5 – Dokumentationsformular

Anlage 6 - Übergabeprotokoll